동물보건 실습지침서

동물보건내과학 실습

강민희 · 한세명 저

김주완 · 안나 · 정수연 · 정이랑 · 조현명 · 한아람 · 한종현 감수

박영story

머리말

최근 국내 반려동물 양육인구 증가에 따라, 인간과 더불어 사는 동물의 건강과 복지 증진에 관한 산업 또한 급성장을 이루고 있습니다. 이에 양질의 수의료서비스에 대한 사회적 요구는 필연적이며, 국내 동물병원들은 동물의 진료를 위해 진료 과목을 세분화하고, 숙련되고 전문성 있는 수의료보조인력을 고용하여, 더욱 체계적이고 높은 수준으로 수의료진료서비스 체계를 갖추고 있습니다.

2021년 8월 개정된 수의사법이 시행됨에 따라, 2022년 이후부터는 매년 농림축산식품부에서 주관하는 국가자격시험을 통해 동물보건사가 배출되고 있습니다. 동물보건사는 동물에 대한 관찰, 체온·심박수 등 기초 검진 자료의 수집, 간호판단 및 요양을 위한 간호 등 동물 간호 업무와 약물도포, 경구투여, 마취·수술의 보조 등 동물 진료 보조 업무를 수행하고 있습니다.

동물보건사 양성기관은 일정 수준의 동물보건사 양성 교육 프로그램을 구성하고, 동물보건사 필수교과목에 해당하는 교내 실습교육이 원활하고 전문적으로 이뤄질 수 있도록 교육 시스템을 마련해야 할 것입니다. 본 실습지침서는 동물보건사 양성기관이 체계적으로 동물보건사 실습교육을 원활하게 지도할 수 있도록 학습목표, 실습내용 및 준비물 등을 각 분야별로 빠짐없이 구성하였습니다. 또한 학생들이 교내 실습교육을 이수한 후 실습내용을 작성 및 요점 정리를 할 수 있도록 실습일지를 제공하고 있습니다.

앞으로 지속적으로 교내실습 교육에 활용할 수 있는 교재로 개선해 나갈 것이며, 이 교재가 동물보건사 양성기관뿐만 아니라 동물보건사가 되기 위해 준비하는 학생들에게도 유용한 자료가 되기를 바랍니다.

2023년 3월

저자 일동

학습 성과	

학 교	
실습학기	
지도교수	
학 번	
성 명	

실습 유의사항

실습생준수사항

1. 실습시간을 정확하게 지킨다.
2. 실습수업을 하는 동안 항상 실습지침서를 휴대한다.
3. 학과 실습 규정에 따라 실습에 임하며 규정에 반하는 행동을 하지 않는다.
4. 안전과 감염관리에 대한 교육내용을 사전 숙지한다.
5. 사고 발생시 학과의 가이드라인에 따라 대처한다.
6. 본인의 감염관리를 철저히 한다.

실습일지 작성

1. 실습 날짜를 정확히 기록한다.
2. 실습한 내용을 구체적으로 작성한다.
3. 실습 후 토의 내용을 숙지하여 작성한다.

실습지도

1. 학생이 이론과 실습이 균형된 경험을 얻을 수 있도록 이론으로 학습한 내용을 확인한다.
2. 실습지침서에 기록된 사항을 고려하여 지도한다.
3. 모든 학생이 골고루 실습 수업에 참여할 수 있도록 지도한다.
4. 학생들의 안전에 유의한다.

실습성적평가

1. ______시간 결석시 ______점 감점한다.
2. ______시간 지각시 ______점 감점한다.
3. ______시간 결석시 성적 부여가 불가능(F) 하다.

* 실습성적평가체계는 각 실습기관이 자체설정하여 학생들에게 고지한 후 실습을 이행하도록 한다.

주차별 실습계획서

주차	학습 목표	학습 내용
1	동물환자 진료 보조에 대해 이해하기	- 동물보건내과학 실습의 강의 목표 및 주차별 운영내용에 대해 이해하기 - 동물병원에 내원한 환자의 특성을 이해하고 원활한 진료보조를 위한 동물보건사로서의 마음가짐 익히기
2	기초 문진하기	- 보호자에게 동물환자의 현재 상태를 물어 확인할 수 있는 능력 배양하기 - 동물환자의 과거 질병 이력 확인하기 - 문진내용을 토대로 한 기초정보를 문진표에 작성하기
3	반려동물 계통별 질병 이해하기	- 동물의 계통별 질병 시 나타날 수 있는 다양한 임상증상 이해하기 - 동물의 임상증상에 따른 문진 기법 익히기 - 역할극을 통한 문진 기법 학습하기
4	신체검사 이해하기	- 동물의 종류에 따른 신체검사 방법과 계획의 수립하기 - 신체검사 절차에 따라 신체검사 방법 숙지 및 실시하기
5	신체검사 적용하기	- 정확한 방법으로 생체지수 (체온, 맥박, 호흡수)등 측정하기 - 신체검사 결과를 신체검사지와 전자차트에 작성하기
6	동물 보정하기	- 동물환자에 실시할 수 있는 다양한 보정방법 학습하기 - 검사와 처치를 위한 동물보정 실시하기 - 다양한 물리적 보정기구를 사용한 보정 실시하기
7	기본위생 관리하기	- 동물환자의 기본 위생 관리의 중요성 학습하기 - 위생관리를 위한 기본 클리핑, 발톱관리 방법 학습하기 - 귀세정 방법 학습하기 - 항문낭 위치 확인 및 항문낭액 제거 방법 학습하기

주차	학습 목표	학습 내용
8	전염성 질병과 백신 이해하기	- 동물병원에서 이루어지는 예방의학의 중요성 학습하기 - 전염성 질병에 대해 이해 및 입원실 소독관리 방법 습득 - 기본예방접종 및 추가접종 안내하기 - 백신 및 항체가 검사의 필요성 설명하기
9	내외부 구충 이해하기	- 내,외부 기생충의 종류를 이해하기 - 심장사상충 예방의 필요성 학습하기 - 구충의 간격과 중요성을 설명하기
10	경구 약물 투여 보조하기	- 처방전의 내용을 이해하고 약물을 준비하기 - 경구 약물의 다양한 형태 이해하기 - 처방된 약물의 경구투약 방법 습득하기
11	주사 약물 투여 보조하기	- 처방전의 내용을 이해하고 약물을 준비하기 - 주사 약물의 종류를 이해하기 - 주사 약물의 투여 경로에 따라 바르게 보조하는 방법을 습득
12	심전도 검사 보조하기	- 심전도 검사를 위한 필요 물품 준비하기 - 심전도 측정을 위한 동물환자의 올바른 보정 자세 익히기 - 심전도 패치 및 전극의 부착 부위와 연결 방법 익히기
13	혈압측정 보조하기	- 외래환자 및 입원 동물의 혈압관리의 중요성 학습 - 동물환자에 사용되는 혈압계의 종류와 사용법 학습 - 혈압계의 보관과 관리방법 익히기
14	호흡기 치료 방법 적용하기	- 호흡기 치료를 위한 흡입약물의 이해 - 네뷸라이져의 작동 원리와 적용 방법을 학습 - 네뷸라이져 치료 전, 후 동물환자를 간호하는 방법을 학습

주차	학습 목표	학습 내용
15	입원환자 평가와 관리하기	- 입원환자 평가의 중요성 학습 - 입원환자 평가 항목 및 평가 방법 습득 - 입원환자의 상태에 따른 입원실 제공 및 환경관리 - 입원동물의 상태 관찰, 평가 및 기록하기
16	정맥카테터 관리하기	- 입원동물에게 장착된 정맥 카테터의 유지 및 감염예방을 위한 간호방법 익히기
17	입원환자 영양 보조하기	- 입원 환자의 영양상태 평가 - 환자별 에너지 요구량 파악하고 여러 급여방법을 학습 - 처방 사료의 종류 익히고 사료 급이량 계산하기 - 피딩튜브를 통해 유동식 공급방법을 익히기
18	수액치료 이해와 적용하기	- 수액의 종류 익히기 - 수액 투여를 위한 정맥 카테터 관리방법 학습 - 수액 투여시 이용하는 인퓨젼 펌프의 사용과 관리
19	수혈 보조하기	- 동물의 혈액형과 혈액제제의 종류 학습 - 수혈동물을 위한 혈액 준비 및 투여 보조 방법 학습하기 - 수액투여 및 수혈 방법 익히기
20	중증환자 관리 이해하기	- 중환자의 의식수준 평가를 포함한 상태 관찰 및 기록 - 다양한 체온유지 방법 학습 - 기립이 어려운 환자의 간호시 합병증 방지를 위한 관리 방법 익히기

차례

PART 01

동물환자 이해와 기본적인 진료 보조

PART 02

감염병 예방하기

동물보건 실습지침서

동물보건내과학 실습

박영story

학습목표

- 동물보건내과학의 전반적인 실습내용을 이해합니다.
- 동물환자의 상태를 물어보고 확인할 수 있는 능력을 배양합니다.
- 동물의 계통별 질병에 따른 문진 기법을 익히고 문진표를 작성합니다.
- 동물의 기본적인 신체검사를 이해하고 수행하는 방법을 익힙니다.
- 동물진료를 위한 기본적인 보정과 위생관리 방법을 익힙니다.

PART 01

동물환자 이해와 기본적인 진료 보조

01

동물환자 진료 보조에 대해 이해하기

실습개요 및 목적

1. 동물병원에서 이루어지는 진료 보조 및 동물 간호에 대한 기본 개념을 확립한다.
2. 동물보건내과학에서 다루게 되는 실습 내용 및 주차 별 운영내용에 대하여 이해한다.
3. 실습과 관련된 기본적인 주의사항을 공지한다.

실습준비물

- 필기도구

실습방법

1. 동물병원 진료 보조와 간호의 기본 개념을 확립하기 위하여, 동물병원의 형태(1차병원, 2차병원 등)에 따른 병원의 기본적인 구조와 역할에 대하여 학습한다.
2. 동물병원에 내원하게 되는 동물환자의 다양한 상황에 대하여 토의한다.
3. 동물환자의 상황별 병원에서 진행되는 진료 및 간호에 대한 전반적인 과정을 조원들끼리 상의하여 작성해 본다.
4. 학생들이 작성한 내용을 기반으로 각 상황에 대해서 정리해 보고, 동물병원에서 이루어지는 기본적인 진료의 진행 절차 및 간호에 대한 개론적인 설명을 통하여 동물보건내과에 대한 기본적인 개념을 정리한다.
5. 동물환자의 진료 보조 및 전문 간호인으로서의 동물보건사의 기본적인 마음가짐에 대하여 학습한다.

실습 일지

실습 날짜	. . .

실습 내용	
토의 및 핵심 내용	

교육내용 정리

02

기초문진하기

실습개요 및 목적

1. 보호자에게 동물환자의 현재 상태를 물어 확인할 수 있는 능력을 배양한다.
2. 동물환자의 과거 질병 이력 및 현재 상황에 대한 문진 기법을 익힌다.
3. 문진 내용을 토대로 한 기초정보를 문진표에 작성하고 전자 차트에 기록해 본다.

실습준비물

- 문진표(본문참조)
- 전자차트

실습방법

1. 동물환자에 대한 기본적인 사항을 파악하고 이를 진료 자료로 활용하기 위하여 다음의 사항에 대하여 역할을 나누어 문진표를 작성해 본다.
2. 위의 정보를 효율적으로 습득하기 위한 문진 기법에 대하여 논의해 본다.
3. 작성된 문진 내용을 전자차트에 직접 입력해본다.

보호자 기본 문진표

보호자 정보

□ 이름 :

□ 주소 :

□ 연락처 :

□ E-mail :

□ 기타 기록해 둘 정보 :

환자 정보

□ 이름 :

□ 나이/ 생년월일 :

□ 동물종류 :

□ 품종:

□ 성별 :

□ 중성화수술 유/무 : Y / N

□ 동물등록 (마이크로칩 유무) : Y / N

□ 기타 기록해 둘 정보 :

환자가 병원을 방문한 목적은 무엇인가요?

1. 환자의 병력

1) 이전에 아팠던 곳 또는 진단받은 질병은?

2) 먹었던 약물은?

3) 현재 먹고있는 약물은?

2. 환자의 생활 환경

1) 환자가 생활하는 곳은?

2) 주거지내 다른 반려동물을 더 기르고 있는가? 있다면 다른 동물에 대한 정보 기록하기

3) 놀이나 운동, 산책을 얼마나 자주 시키나요?

4) 목욕을 얼마나 자주 하시나요?

5) 양치질을 하고 있나요? 기타 치아관리 제품이나 방법이 있나요?

3. 환자의 식이

1) 급여하고 있는 음식은 어떤 것입니까?

2) 사료의 경우, 회사명과 제품을 적어 주세요.

3) 하루 얼마 정도의 사료나 음식을 몇 번 급여하시나요?
횟수는 몇 번인가요?

4) 간식을 주십니까? 주신다면 어떤 간식을 어느 정도 주십니까?

5) 현재 복용 중인 영양제 또는 보조제가 있나요?

4. 예방 사항

1) 예방접종을 실시하셨나요? 종류와 마지막 실시일은 언제인가요?

2) 구충을 정기적으로 실시하고 있나요? 사용하는 구충제와 마지막 구충일은 언제인가요?

3) 심장사상충 예방약을 정기적으로 사용하고 있나요? 사용하는 심장사상충 예방약의 종류와 마지막 사용일은 언제인가요?

5. 기타 사항

1) 스케일링을 받은 적이 있으신가요? 있으시다면 마지막 스케일링은 언제 하셨나요?

2) 최근에 체중의 변화가 있었나요?
 1) 체중 증가 2) 체중 감소 3) 변화 없음 4) 모르겠음

3) 최근 식욕의 변화가 있었나요?
 1) 체중 증가 2) 체중 감소 3) 변화 없음 4) 모르겠음

4) 최근 구토나 설사가 있었나요? 있었다면 언제가 마지막이었나요?
 1) 구토가 있었음 2) 설사가 있었음 3) 설사나 구토가 없었음 4) 모르겠음

5) 그 외 최근 평상시와 다르게 느껴지는 증상이나 행동은?

실습 일지

실습 날짜	. . .

실습 내용	
토의 및 핵심 내용	

교육내용 정리

03

반려동물 계통별 질병 이해하기

실습개요 및 목적

1. 신체의 각 계통을 구별하고, 각 계통을 구성하는 장기와 체내 역할에 대하여 학습한다.
2. 반려동물의 계통별로 나타나는 대표적인 질병의 증상에 대하여 학습한다.
3. 동물환자의 대표적인 임상증상을 이용한 역할극을 통해 문진 기법을 익힌다.

실습준비물

동물모형	장기모형
	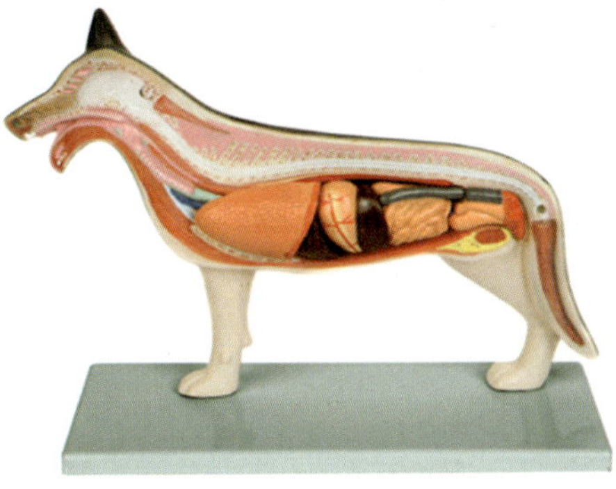 〈출처〉 소영무역

실습방법

1. 신체의 각 계통을 아래와 같이 구별해 보고, 각 계통을 구성하는 장기와 각 장기의 체내 역할에 대하여 공부해본다.
   1) 순환기계
   2) 호흡기계
   3) 소화기계
   4) 신경기계
   5) 근골격계
   6) 비뇨생식기계
   7) 내분비계
   8) 기타

2. 각 계통별 대표적인 질병의 임상증상에 대하여 학습해 본다.
   1) 호흡곤란/기침
   2) 구토/설사
   3) 마비/발작/통증
   4) 배뇨곤란
   5) 기타

3. 조별로 한가지씩 임상증상을 나누고, 각 임상증상을 가진 환자의 보호자와 동물보건사로 역할을 분담하여 환자의 기초정보를 획득하기 위한 문진 기법을 역할극을 통해 학습해 본다.

실습 일지

실습 날짜	. . .

실습 내용	
토의 및 핵심 내용	

교육내용 정리

04

신체검사 이해하기

실습개요 및 목적

1. 반려동물의 현재 몸상태를 알 수 있는 신체검사의 종류와 방법에 대하여 학습한다.
2. 전신 신체검사를 행하기 위해서, 각 신체검사 항목별 정확한 검사 방법을 숙지한다.
3. 전신 신체검사 순서를 숙지하고, 이를 통하여 정상 상태와 비정상 상태를 구별한다.

실습준비물

동물모형	신체검사표
	본문 참조
체온계	**청진기**
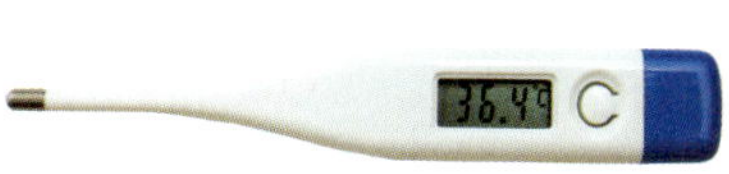	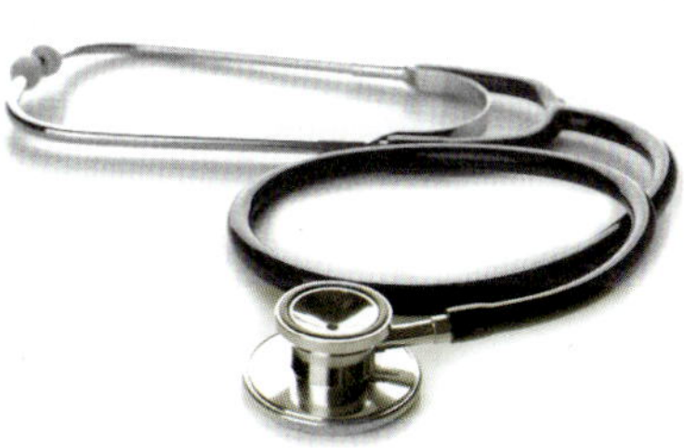

도플러 혈압계	
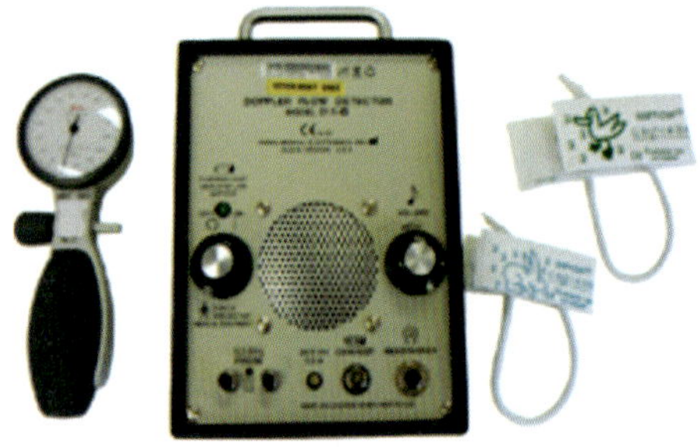 〈출처〉 https://soundvet.com.au/product/parks-doppler-blood-pressure-monitor/	

실습방법

1. 신체검사의 종류와 방법에 대하여 학습한다.
   1) 문진
   2) 시진
   3) 청진
   4) 촉진
   5) 타진

2. 전신 신체검사의 진행 순서를 숙지하고 신체검사를 진행한다.

3. 신체 충실지수(Body condition score, BCS)를 평가하는 방법을 정확하게 익힌다.
   1) BCS의 의미를 학습한다.
   2) BCS를 5 score로 구분하는 각각의 기준과 평가 방법을 숙지한다.

4. 모세혈관 재충만 시간(Capillary refill time, CRT)을 평가하는 방법을 정확하게 익힌다.
   1) CRT의 의미를 학습한다.
   2) CRT를 정확히 실시하는 방법과 평가 기준을 숙지한다.

5. 신체검사를 수행하는 방법을 정확히 익히고, 각 신체검사 항목별 정상과 비정상 상태에 대하여 토론하고 정리해 본다.

신 체 검 사 표

<table>
<tr><td>체 온</td><td>℃</td><td>CRT</td><td>초</td></tr>
<tr><td colspan="2">심박수</td><td colspan="2">호흡수</td></tr>
<tr><td>1분 측정</td><td>회/분</td><td>1분 측정</td><td>회/분</td></tr>
<tr><td>30초 측정</td><td>회/30초 X 2 =</td><td>30초 측정</td><td>회/30초 X 2 =</td></tr>
<tr><td>15초 측정</td><td>회/15초 X 4 =</td><td>10초 측정</td><td>회/10초 X 6 =</td></tr>
<tr><td>10초 측정</td><td>회/10초 X 6 =</td><td></td><td></td></tr>
<tr><td>PLR</td><td>정상 / 비정상</td><td>PLR</td><td>정상 / 비정상</td></tr>
<tr><td>오른쪽
(변화 설명)</td><td></td><td>왼쪽
(변화 설명)</td><td></td></tr>
</table>

<table>
<tr><th>평가 계통</th><th>평가 항목</th><th>평가 근거 기술</th><th>정상 여부</th></tr>
<tr><td>전신상태</td><td>☐ 대칭성 여부: 대칭/비대칭 부위 존재 시 기록

☐ 행동: 일반적/공포심/위축/공격성/기타:

☐ BCS(5 scale):
☐ 의식상태: 정상/우울/통제되지 않는 흥분/ 인지장애/기타:</td><td></td><td>□ 정상 □ 비정상</td></tr>
<tr><td>피부/털</td><td>☐ 탈모
☐ 종괴
☐ 건성
☐ 비듬
☐ 지루성(과도한 유분감)</td><td></td><td>□ 정상 □ 비정상</td></tr>
</table>

	☐ 털엉킴 ☐ 가려움 ☐ 발적/염증(부위) ☐ 기타 이상:		
귀	☐ 발적/염증(좌/우) ☐ 분비물(좌/우) ☐ 악취 ☐ 가려움증 ☐ 기타 이상:		☐ 정상 ☐ 비정상
눈	☐ 양쪽 안구의 크기 및 위치 : 대칭 / 비대칭 ☐ 충혈 ☐ 분비물 ☐ 통증(좌/우) ☐ 눈못뜨는 증상(좌/우) ☐ 기타 이상:		☐ 정상 ☐ 비정상
심혈관계	☐ 심잡음 여부 ☐ 기타 이상:		☐ 정상 ☐ 비정상
호흡기계	☐ 콧물 ☐ 기침 ☐ 호흡곤란 ☐ 노력성 호흡 ☐ 기타 이상:		☐ 정상 ☐ 비정상
구강	☐ 잇몸 점막 색깔 ☐ 치석 ☐ 유치잔존 ☐ 구취 ☐ 부정교합 ☐ 구강내 염증 ☐ 기타 이상:		☐ 정상 ☐ 비정상

복부	☐ 복부팽만 ☐ 촉진 시 통증 ☐ 탈장 ☐ 기타 이상:		□ 정상 □ 비정상
근골격계	☐ 걸음걸이 이상 ☐ 통증 ☐ 자세이상 ☐ 기타 이상:		□ 정상 □ 비정상
비뇨생식기계	☐ 유선 부종이나 종괴(부위) ☐ 외음부 크기나 분비물 ☐ 포피 분비물 및 염증 여부 ☐ 항문낭 종대 ☐ 기타 이상:		□ 정상 □ 비정상
기타 이상			□ 정상 □ 비정상

실습 일지

실습 날짜	. . .

실습 내용	
토의 및 핵심 내용	

교육내용 정리

05

신체검사 적용하기

실습개요 및 목적

1. 정확한 방법으로 활력징후(vital sign)인 체온, 맥박수/심박수, 호흡수를 측정해 본다.
2. 신체검사의 순서와 방법을 따라, 신체 검사지에 검사 내용을 작성해 본다.

실습준비물

동물모형	체온계

청진기	도플러 혈압계
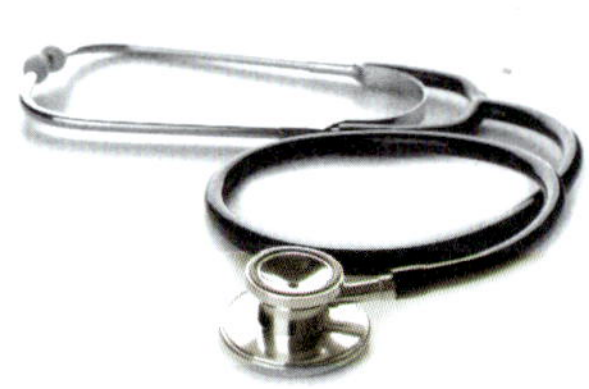	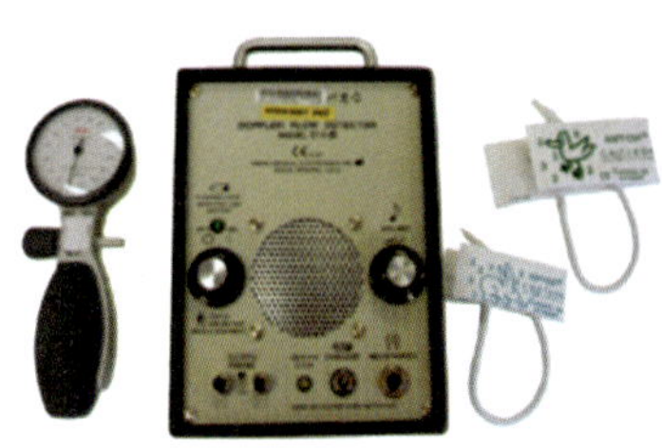 〈출처〉 https://soundvet.com.au/product/parks-doppler-blood-pressure-monitor/

실습방법

1. 활력징후(vital sign)의 대표적인 항목인 체온/맥박수/호흡수(TPR)의 의미와 측정 방법에 대하여 학습하고, 아래의 표를 작상해 본다.
   1) 전자 체온계를 이용하여 직장 온도를 측정하는 방법을 정확히 숙지한다.
   2) 전자 체온계의 정확한 사용 방법과 소독 방법을 익힌다.
   3) 대퇴 안쪽에 있는 넙다리동맥(femoral artery)에서 1분간 맥박수를 측정해 본다.
   4) 청진기를 이용하여 1분간 심박수를 측정하고 맥박수와 비교해 본다.
   5) 청진기를 이용하여 호기와 흡기의 호흡소리를 들어보고 1분간 호흡수를 측정해 본다.

평가항목	측정	정상범위	
체온(Temperature, T)		개	
		고양이	
맥박수(Pulse, P)		개	
		고양이	
호흡수(Respiratory rate, R)		개	
		고양이	

2. 도플러 혈압계를 이용하여 혈관의 소리를 증폭시켜 들어본다.
   1) 도플러 혈압계를 이용하여 동맥 혈관에 센서를 장착하고 혈관의 소리를 증폭기를 통해 들어본다(구체적인 혈압계의 사용 및 혈압 측정은 Part 4, chapter 2에서 시행한다).

3. 개와 고양이에서 활력징후의 정상범위를 학습하고, 각 활력징후가 비정상 상태인 경우 나타날 수 있는 임상증상 및 개선을 위해 필요한 간호 보조 방법에 대하여 토의해 본다.
   1) 개와 고양이에서 TPR의 정상 범위를 숙지한다.
   2) TPR이 각각 정상 범위보다 높은 경우와 낮은 경우를 가정하고, 발생할 수 있는 임상증상을 예측해 본다.
   3) 2)번의 상황을 개선하기 위하여 필요한 간호 중재에 대하여 토론해 본다.

실습 일지

실습 날짜	. . .

실습 내용	
토의 및 핵심 내용	

교육내용 정리

06

동물 보정하기

실습개요 및 목적

1. 동물보정의 개념과 방법, 고려사항 등에 대하여 학습한다.
2. 동물환자의 종류 및 상황 별 실시할 수 있는 기본적인 핸들링과 보정방법, 보정기구의 사용 방법에 대하여 학습한다.
3. 다양한 물리적 보정기구를 사용한 보정을 실시해 본다.

실습준비물

동물모형	입마개 및 끈

롤거즈	보호용 장갑 및 두꺼운 수건

고양이 보정가방	
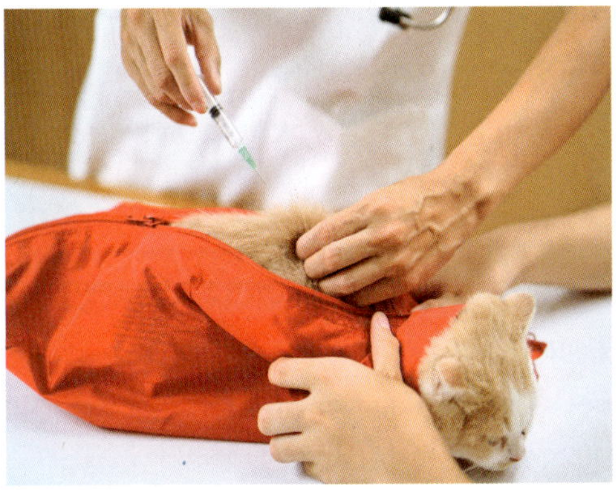	

실습방법

1. 동물보정의 개념에 대하여 학습하고, 동물보정이 필요한 업무들에 대하여 정리해 본다.

2. 동물보정의 방법에 대하여 학습하과 각 보정방법의 장점과 단점에 대하여 학습한다.
   1) 심리적 보정
   2) 물리적 보정
   3) 화학적 보정

3. 보정도구의 종류를 학습하고, 정확한 사용 방법을 숙지한다.
   1) 입마개의 종류 및 개와 고양이의 보정방법 차이 학습
   2) 끈이나 거즈를 이용하여 입을 묶는 방법을 학습

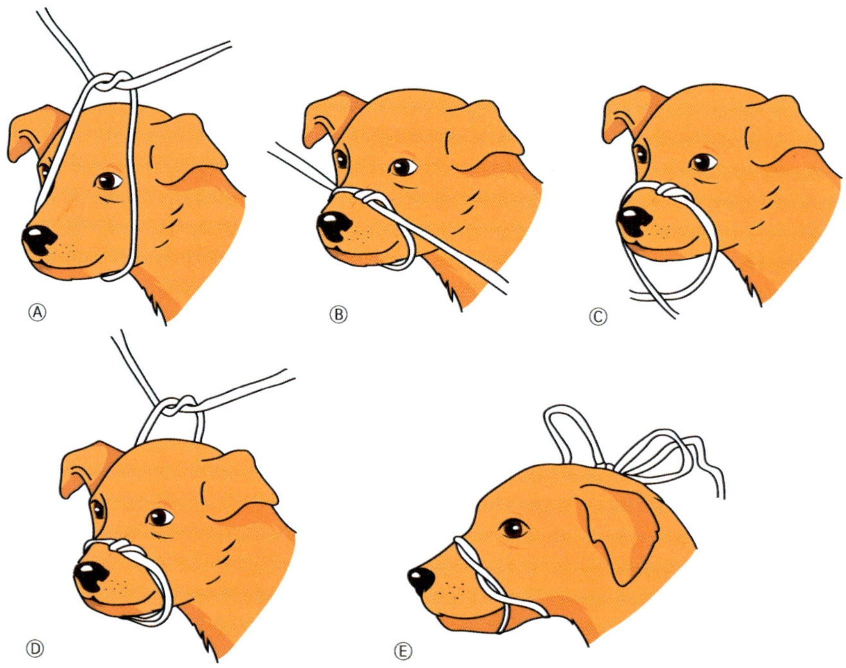

   3) 장갑, 수건, 캣백 등을 이용한 보정 방법 학습

4. 동물모형을 이용하여 상황 별 물리적 보정을 실시해 보고, 여러가지 보정도구를 실제로 동물모형에 장착하여 보정법을 연습해 본다.
   1) 진료 보조를 위하여 동물의 종류(개와 고양이) 및 몸무게 별로 동물의 움직임을 제한하는 방법을 연습한다.
   2) 진료 상황별(채혈, 약물 투약, 검사 등) 보정자세와 방법에 대하여 연습한다.
      ① 경정맥 채혈을 위한 보정방법 연습
      ② 요측피정맥 채혈을 위한 보정방법 연습
      ③ 피하, 근육, 정맥 주사를 위한 보정방법 연습
      ④ 경구투약을 위한 보정 방법 연습
      ⑤ 방사선 촬영, 초음파 검사 등을 위한 보정 방법 연습

실습 일지

실습 날짜	. . .

실습 내용	
토의 및 핵심 내용	

교육내용 정리

07

기본위생 관리하기

실습개요 및 목적

1. 외래환자 및 입원 동물환자의 기본위생 관리의 중요성을 학습한다.
2. 위생관리를 위한 기본 클리핑 및 발톱관리 방법을 학습한다.
3. 반려동물 귀의 기본적인 구조를 익히고, 귀세정 방법을 학습한다.
4. 항문낭의 기능에 대하여 익히고, 항문낭의 위치 확인 및 항문낭액 제거 방법을 학습한다.

실습준비물

동물모형	클리퍼, 미용가위, 발톱깍이 등 기본 위생관리 도구들

귀모형	검이경
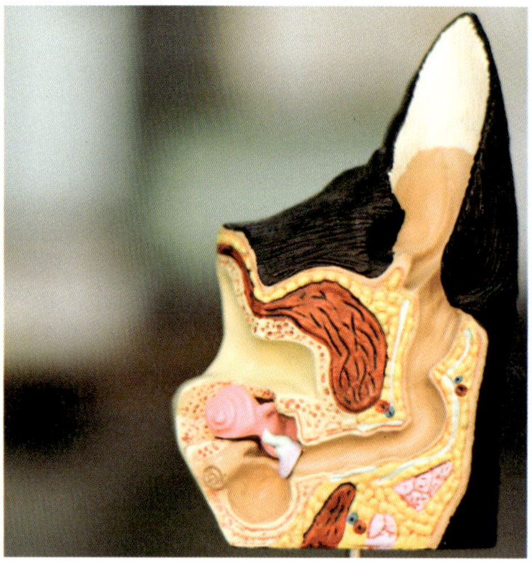	
그 외 다양한 귀 세정제, 부드러운 솜, 모스키토 겸자 등	

실습방법

1. 동물환자의 위생관리 전 환자의 성격에 대하여 파악하며 진행되는 행위가 어느 정도의 통증이나 불편함을 야기하는지 학습한다.
   1) 필요시 적절한 보정도구를 이용하여 보정을 실시하도록 한다.

2. 클리퍼를 이용하여 발바닥, 발등, 항문 주위, 배의 안쪽 등에 기본 클리핑을 실시한다.

3. 발톱의 구조 및 혈관의 위치, 발톱 관리의 필요성에 대하여 학습한다.
   1) 혈관이 자라나온 부위를 육안으로 확인하고 혈관부위 보다 더 길게 발톱을 잘라 준다.
   2) 출혈이 발생한 경우 지혈 파우더나 깨끗한 솜을 이용하여 압박 지혈한다.

발톱구조

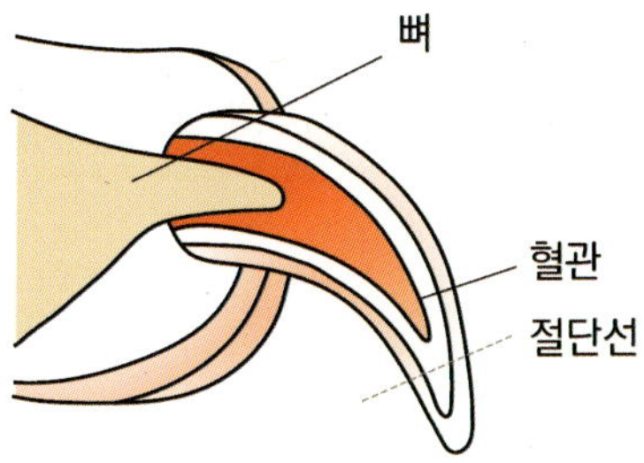

잘못된 방법	올바른 방법
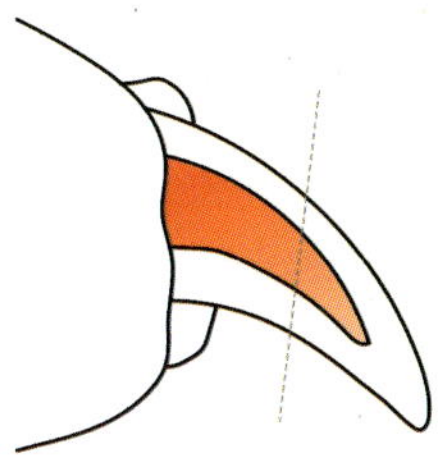	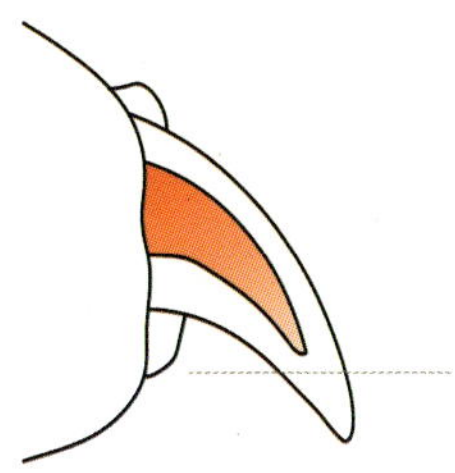

4. 동물의 귀 구조를 그려보고, 각 부위의 명칭과 역할에 대하여 학습한다.

5. 귀 세정액의 올바른 사용법을 학습하고, 외이도에 세정제를 붓고 마사지하여 귀세정을 실시한다.

6. 항문낭의 필요성 및 위치를 학습하고, 항문낭액 배출을 실시해 본다.

실습 일지

실습 날짜	. . .

실습 내용	
토의 및 핵심 내용	

교육내용 정리

학습목표

- 수의면역학의 기초적인 내용을 학습합니다.
- 개와 고양이에서 발생하는 감염성 질병에 대하 학습하고, 전염성 질병 환자의 관리를 위한 격리 치료실 관리, 입원실 소독 및 멸균에 대하여 익힙니다.
- 동물병원에서 이루어지는 기본적인 예방백신의 종류와 스케줄, 항체가 검사에 대하여 학습합니다.
- 개와 고양이에서 발생하는 내.외부 기생충의 종류를 이해하고 구충 스케줄과 중요성을 학습합니다.

PART

02

감염병 예방하기

01

전염성 질병과 백신 이해하기

실습개요 및 목적

1. 면역과 면역반응, 선천성 면역과 후천성 면역 등 기초적인 수의면역학에 대하여 학습한다.
2. 동물병원에서 이루어지는 예방의학의 중요성에 대하여 학습한다.
3. 기본예방접종의 종류 및 접종 보조 방법, 예방접종 스케줄에 대하여 학습한다.
4. 예방접종 과민반응 및 항체가 검사의 필요성에 대하여 학습한다.
5. 전염성 질병 관리를 위한 소독과 멸균의 개념을 구별하고, 동물병원에서 사용하는 소독약의 종류를 익힌다.

실습준비물

동물모형	주사기들
	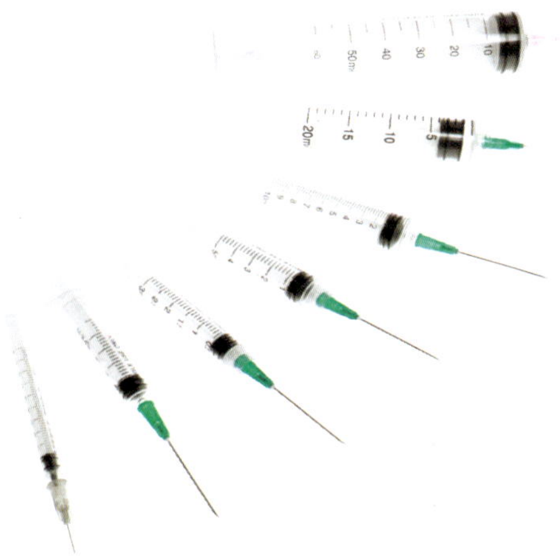

빈 유리 vials	멸균 생리식염수
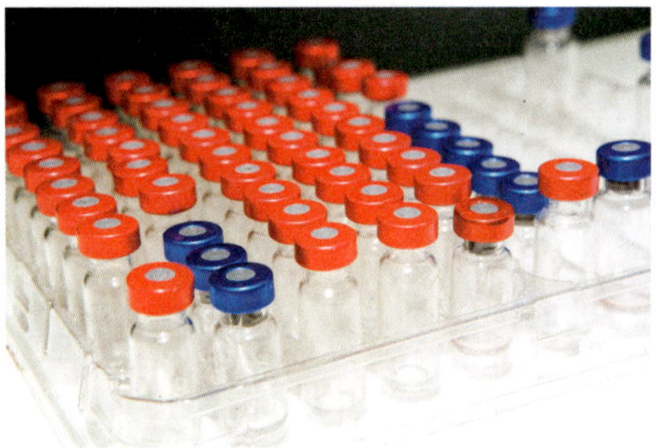	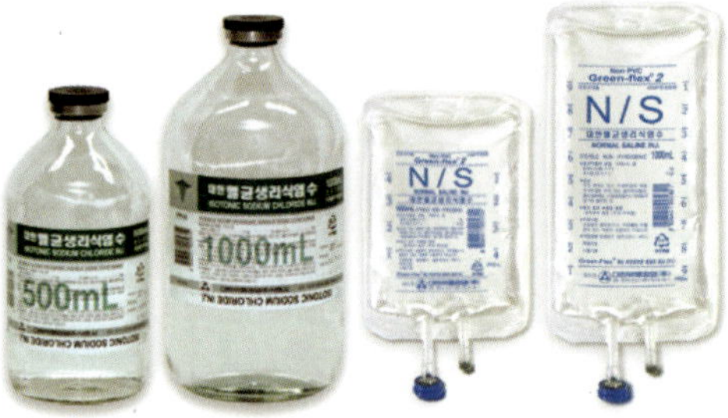 〈출처〉 http://www.health.kr/searchDrug/result_drug.asp?drug_cd=A11ABBBBB2744
기타 다양한 병원용 소독약과 절단솜 등	

실습방법

1. 항체와 항원의 개념을 익히고, 모체이행항체, 선천성면역과 후천성면역 등의 기초적인 수의면역학 개념을 학습한다.

2. 약독화 생백신과 불활화 백신의 개념을 구별하고, 장점과 단점을 학습한다.

3. 예방접종 과민반응과 항체가 검사에 대하여 학습한다.

4. 예방접종 약물의 투여 방법을 동물모형에 생리식염수를 이용하여 연습해 본다.
   1) 생물학적 제재의 보관 방법에 대해 숙지한다.
   2) 빈 주사 vial을 이용하여 멸균 생리 식염수를 채우고 빼는 연습을 해본다.
   3) 빈 주사기에 기포가 생기지 않도록 멸균 생리 식염수를 뽑아 본다.
   4) 피하주사, 근육주사, 비강주사 등 예방백신 접종 방법을 익혀본다.

5. 개와 고양이에 발생하는 전염성 질환들에 대하여 학습한다.
   1) 개- 파보장염, 디스템퍼, 코로나, 켄넬코프, 개 전염성 간염, 파라인플루엔자, 렙토스피라증 등
   2) 고양이 - 바이러스성 비기관염, 칼리시 바이러스증, 범백혈구 감소증, 클라미디아증, 전염성 복막염, 고양이 백혈병 바이러스, 면역결핍증 바이러스 등
   3) 광견병

6. 개와 고양이의 예방접종 종류와 스케줄에 대하여 학습한다.

실습 일지

실습 날짜	. . .

실습 내용	
토의 및 핵심 내용	

교육내용 정리

02

내외부 구충 이해하기

실습개요 및 목적

1. 개와 고양이에 발생하는 내,외부 기생충의 종류를 이해한다.
2. 심장사상충 감염증의 증상과 예방의 필요성에 대해 학습한다.
3. 반려동물에서 시행되는 내,외부 구충의 종류, 방법 및 구충의 중요성을 설명한다.

실습준비물

동물모형

심장사상충 진단 키트
다양한 종류의 내/외부 구충제 견본(경구제, 외용제 등)

실습방법

1. 기생충 감염이 가지는 공중보건학적 의의를 이해하고, 내부기생충과 외부기생충의 종류를 학습한다.
   1) 기생충의 종류별 생활사 및 임상증상을 학습한다.
   2) 정기적인 기생충 예방의 중요성에 대하여 토의해 본다.

2. 심장사상충 감염증의 증상 및 예방 중요성에 대하여 학습한다.
   1) 심장사상충의 진단 방법 및 치료방법에 대하여 학습한다.
   2) 다양한 심장사상충 진단약의 구충 범위에 대하여 구별해 본다.

3. 반려동물에서 시행되는 내,외부 구충의 종류, 방법 및 구충의 중요성에 대해 토론해 본다.
   1) 국내에서 사용되는 다양한 내, 외부 구충제의 종류를 찾아본다.
   2) 구충제에 따른 구충 범위 및 구충 간격에 대해 학습한다.
   3) 구충제 투약 방법을 익혀본다.

실습 일지

실습 날짜	.　.　.

실습 내용	
토의 및 핵심 내용	

교육내용 정리

학습목표

- 처방전의 내용을 이해하고 약물의 투여 경로를 이해합니다.
- 경구 약물과 주사 약물의 종류를 구별하고 투여 경로에 따라 환자를 보조하는 방법을 익힙니다.
- 심전도 측정을 위한 동물환자의 올바른 보정 자세를 익힙니다.
- 심전도 패치 및 전극의 부착 부위와 연결 방법을 알고 심전도 검사를 보조합니다.
- 도플러 혈압계를 이용하여 혈압을 측정하고 혈압기기를 관리 방법을 익힙니다.

PART

03

병원 내 투약과 진료 및 검사 보조

01

경구 약물 투여 보조하기

실습개요 및 목적

1. 처방전의 내용을 이해하고 약물에 따른 준비 방법을 학습한다.
2. 경구 약물의 다양한 형태를 이해한다.
3. 처방된 약물의 용량계산 및 경구투약 방법을 습득한다.

실습준비물

동물모형

유발 및 유봉, 약스푼, 수동약포장기, 정제반절기 등

〈출처〉
http://www.tmon.co.kr/deal/3963776718

〈출처〉
https://www.coupang.com/vp/products/181273179?itemId=519026956&vendorItemId=76825854026&src=1042503&spec=10304025&addtag=400&ctag=181273179&lptag=1030402515190269 56V76825854026&itime=20230202021129&pageType=PRODUCT&pageValue=181273179&wPcid=16681633463984432743447&wRef=&wTime=20230202021129&redirect=landing&gclid=CjwKCAiAuOieBhAIEiwAgjCvcjrwxyKuKMXuQShrwjHmYxJLL-1o7MgmwKuGpXk8WJg2Y89nEb6wTxoCl_kQAvD_BwE&campaignid=17373713702&adgroupid=&isAddedCart=

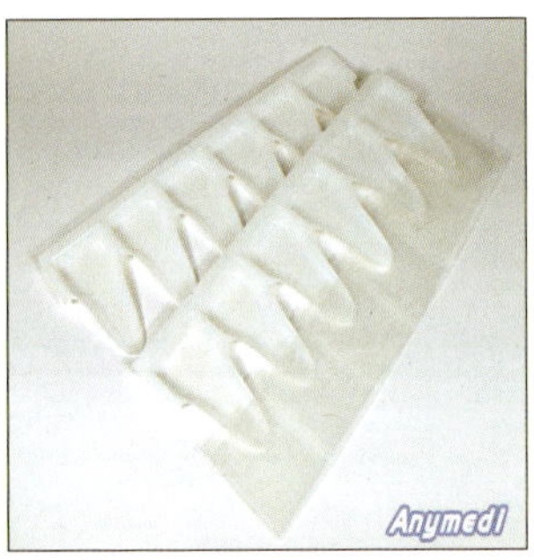

〈출처〉
https://www.google.co.kr/search?q=%EC%88%98%EB%8F%99+%EC%95%BD%ED%8F%AC%EC%9E%A5%EA%B8%B0&tbm=isch&hl=ko&sa=X&ved=2ahUKEwjs3uzu6PT8AhVUFYgKHeVbBLwQrNwCKAB6BQgBEJYC&biw=1490&bih=722#imgrc=FQIoWA7yfGdOzM

〈출처〉
https://hanebio.com/mall/m_mall_list.php?ps_ctid=02070000

알약 투약기

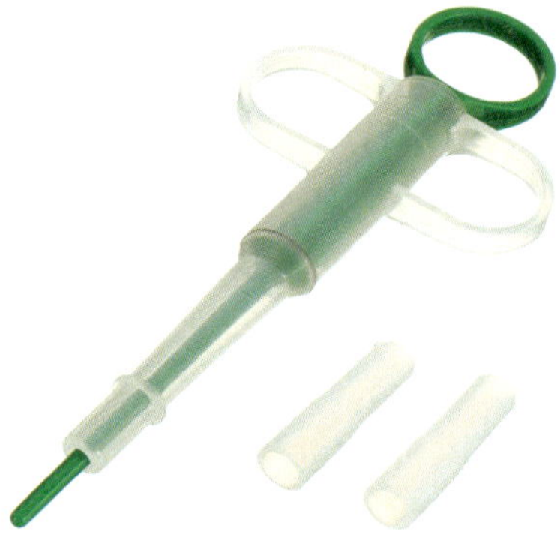

〈출처〉

https://www.ssg.com/item/itemView.ssg?itemId=1000033949869

실습방법

1. 약물의 처방에 사용되는 주요 의학용어들을 학습하고, 처방전의 내용을 해석해 본다.

2. 처방전 발급과 관련하여 알아두어야 하는 사항들(기재 사항 및 법적 의무 등)에 대하여 학습한다.

3. 처방된 약물의 용량을 계산해 본다.
   1) 환자의 몸무게와 처방 약물의 용량, 처방 횟수 등을 이용하여 약물 투여 용량을 계산해 본다.
   2) 가상의 임상증례를 이용하여 실제 약물 투여량과 조제되어야 하는 캡슐의 수 등을 계산해 본다.

4. 조제도구를 이용하여 경구용 정제를 가루로 분쇄하고, 빈 캡슐에 재분배 해 본다.

5. 알약 투약기 사용 방법을 연습해 보고, 그 외 다양한 경구약물 투약 방법에 대하여 토의해 본다.

실습 일지

실습 날짜	. . .

실습 내용	
토의 및 핵심 내용	

교육내용 정리

02

주사 약물 투여 보조하기

실습개요 및 목적

동물병원에서 이용되는 종류의 주사 약물 제재를 이해하고 이론으로 학습하였던 피하주사, 정맥주사, 근육 주사 각각의 특징과 주의사항을 설명해 본다. 주사를 투여하기 전 준비할 사항을 미리 체크하고 각 투여경로에 따른 환자 보정과 핸들링 기법을 이해한다. 또한 투여 이후의 주사 부위를 확인하고 통증 평가할 수 있는 능력을 배양한다.

실습준비물

동물모형	멸균 주사기 (1cc~5cc까지 다양한 크기의 주사기)
	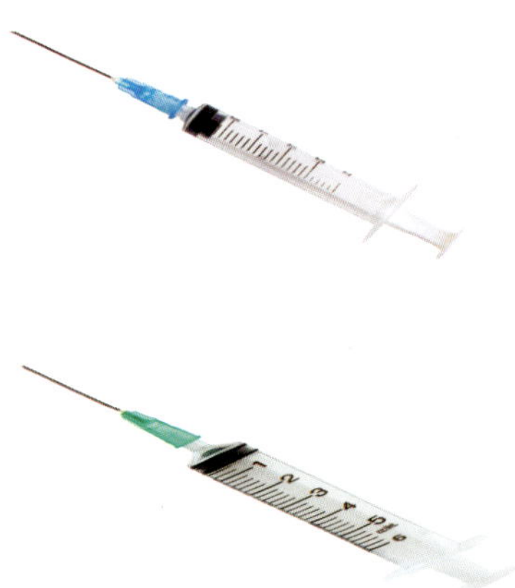

그 외 필요한 준비물		
	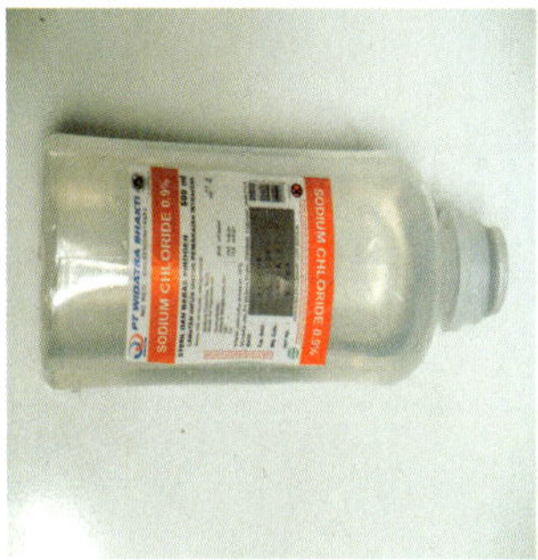	증류수 또는 생리식염수 알코올 솜(혹은 대용 탈지면)

실습방법

1. 주사 약물 투여를 준비하기 위해서는 처방전의 내용을 꼼꼼히 살피고 약물의 종류와 투여 경로, 투여 용량과 농도를 확인해야 한다. 약물 처방전을 읽고, 투여 약물의 종류와 투여 횟수, 투여 경로를 이해한다.

2. 수의사가 약물을 투여할 수 있도록 동물모형과 피하주사, 근육 주사를 위한 실습 준비물(알코올솜, 주사기 등)을 진료대 위에 준비한다.

3. 동물모형을 촉진하면서 피하주사, 정맥주사, 근육주사의 주사 부위의 위치를 설명하고 각 주사 방법에 따라 동물환자의 움직임을 최소화하면서 안전하게 보정한다.
   1) 피하 주사[Subcutaneous, SC(SQ)]
      - 피하로 약물을 투여하여 피하의 혈관을 통해 약물이 흡수됨
      - 주로 목 뒷덜미의 피부 아래쪽으로 투여
   2) 근육 주사(Intramuscular)
      - 근육 내로 약물 투여
      - 주로 대퇴사두근(Quadriceps m.)이나 상완삼두근(Triceps m.)으로 투여
   3) 정맥 주사(Intravenous)
      - 정맥 내로 직접 약물을 투여하는 방법
      - 주로 요측피정맥(cephalic v.)이나 복재 정맥(saphenous v.)으로 투여

4. 피하 주사, 정맥 주사, 근육 주사시 보정할 때의 주의사항과 주사 후 나타날 수 있는 부작용이나 주의점에 대하여 조원들끼리 토의한다.

실습 일지

실습 날짜	. . .

실습 내용	
토의 및 핵심 내용	

교육내용 정리

03

심전도 검사 보조하기

실습개요 및 목적

동물병원에서 내과 환자의 심장 기능을 평가하는 검사 방법 중의 하나로 심전도 검사가 흔하게 수행된다. 심전도 검사를 진행하기에 앞서 필요한 심전도 기기와 전극과 패치를 준비하고 검사를 측정하기에 앞서 환자에 부착하는 부위를 알아본다. 또한 원활하고 정확한 검사 보조를 위하여 심전도를 측정하는 동안의 올바른 환자의 자세와 보정방법에 대하여 알아본다.

실습준비물

동물모형	

심전도 기기와 전극	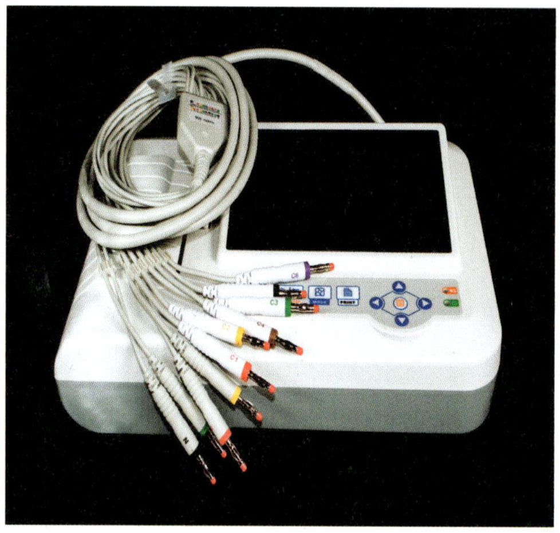
전극 패치	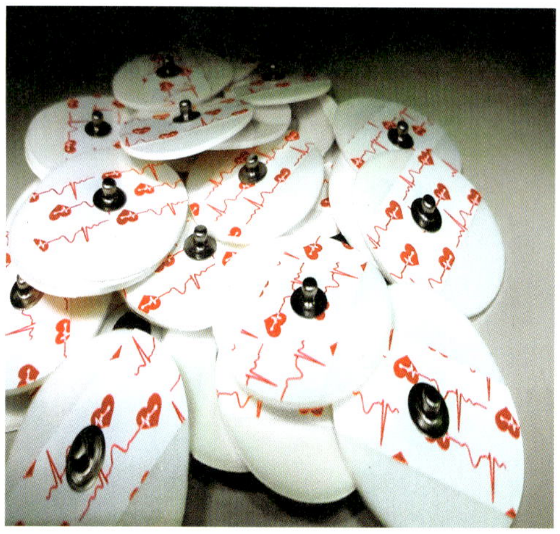

실습방법

1. 심장 근육의 전기적 활동을 기록할 수 있는 심전도(electrocardiogram, ECG)의 기본 원리를 이해하고 정상박동의 PQRST 파형을 확인한다.

2. 심전도 검사 진행을 위해 기립(standing) 또는 횡와(lateral recumbancy) 자세로 동물환자를 바르게 보정한다.

3. 전극(lead)의 위치 환자의 다리 혹은 전극에 적절하게 부착한다(필요하다면 패치를 발바닥 패드에 부착 후 전극을 연결할 수 있다). 주로 다음의 위치에 연결한다(그림1).
   - 적색(Red) : 우측 전지
   - 황색(Yellow) : 좌측 전지
   - 초록(Green) : 좌측 후지

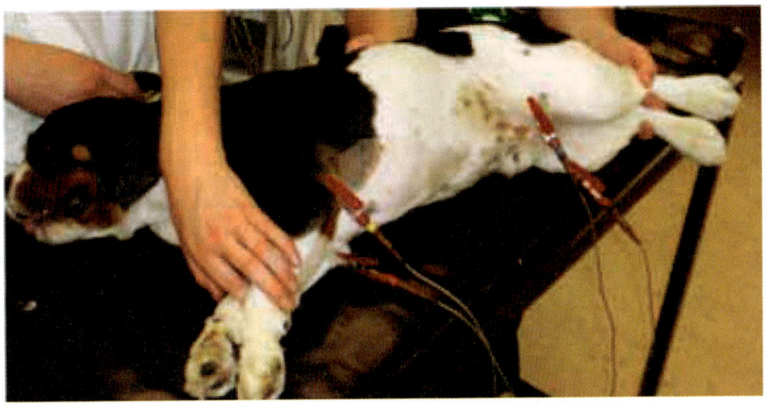

횡와(lateral recumbancy) 자세로 심전도 측정 모습
출처 : https://www.theveterinarynurse.com/review/article/how-to-use-an-ecg-machine

4. 검사를 진행하는 동안 동물환자가 안정되고 움직이지 않도록 주의하며 보정한다. 환자의 움직임을 최소화하기 위한 효율적인 보정 방법에 대하여 생각해 본다.

5. 검사를 종료하면 동물환자의 몸에서 전극이나 패치를 제거하고 심전도 기기과 전극은 바르게 정리한다.

실습 일지

실습 날짜	. . .

실습 내용	
토의 및 핵심 내용	

교육내용 정리

04

혈압 측정 보조하기

실습개요 및 목적

혈압이란 혈관 내에 생기는 압력으로 조직 관류를 결정한다. 따라서 혈압이 적절하게 유지되는지 확인하는 것은 임상에서 매우 중요하다. 개와 고양이에서 혈압을 측정하기 위한 혈압계의 종류를 알아보고, 환자에서 측정할 때 준비사항을 알아본다. 개와 고양이에서 혈압을 측정하는 부위를 알고, 환자의 사이즈와 측정 부위에 맞은 올바른 커프를 선택 방법을 익힌다. 또한 혈압을 측정할 때의 주의사항을 스스로 찾아본다.

실습준비물

동물모형	
도플러 혈압계 및 다양한 사이즈의 커프	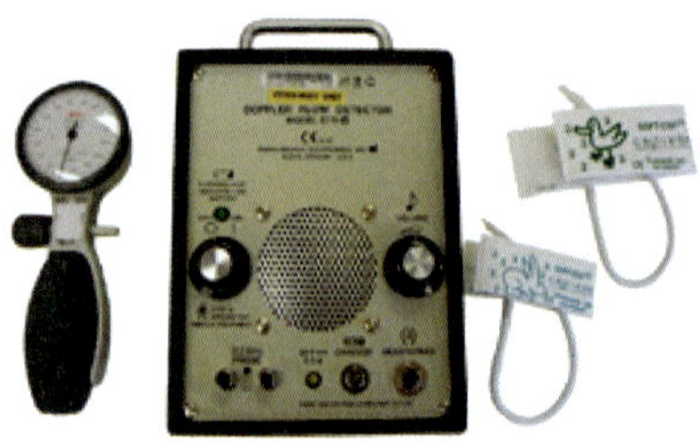 〈출처〉 https://soundvet.com.au/product/parks-doppler-blood-pressure-monitor/

초음파 젤	

실습방법

1. 개와 고양이에서의 수축기와 이완기의 정상혈압의 범위를 미리 파악해둔다.

2. 비침습적인(Non-invasive) 혈압 측정을 위해 주로 이용되는 도플러 혈압기기의 특징을 알고 오실로메트릭 혈압기기와의 차이점을 이해한다.
   1) 오실로메트릭 혈압측정
      - 혈액의 진동을 이용한 혈압측정 방법
      - 수축기, 이완기, 평균 동맥압 측정이 가능하나 소형견과 고양이는 덜 정확한 편
   2) 도플러 혈압측정
      - 동맥의 흐름을 도플러 초음파 프로브가 감지하면서 측정
      - 수축기 동맥압만 측정 가능

3. 혈압 측정을 위한 준비물(도플러 혈압계 및 다양한 사이즈의 커프, 초음파 젤 등)을 준비한다.

4. 정확한 혈압을 측정하기 위해서는 동물환자(모형)가 가장 안정되고 편안한 자세를 취할 수 있도록 보정한다.

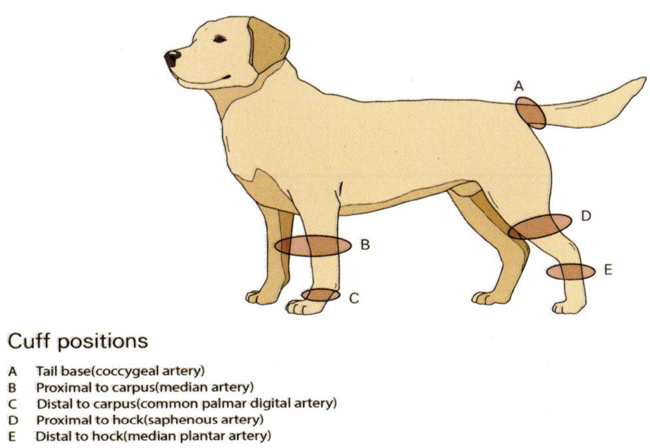

그림 1. 혈압 측정 부위

5. 동물환자(모형)의 혈압 측정 부위를 확인한다(그림 1).
   - 앞발목 또는 꼬리 부위에서 주로 측정한다.

6. 환자 사이즈에 맞는 커프를 선택하는 방법을 알아보고, 선택한 커프를 혈압 측정 부위에 두른다.

7. 측정 부위를 지나는 혈관에 초음파 젤을 바르고 혈압 측정을 시작한다.
   - 에어 펌프를 이용하여 커프의 압력을 높힌 후 서서히 압력을 낮추면서 혈류소리가 사라졌다가 다시 들리는 시점의 압력을 확인한다(단, 동물모형에서는 혈류소리를 들을 수 없으니, 도플러 센서를 실습자의 손목 혈관에 대어보면 혈류소리를 들어볼 수 있다).

8. 검사가 종료되면 초음파 젤을 닦고 커프를 제거하고, 혈압기기는 바르게 정리한다. 센서는 반드시 뚜껑을 씌워 보호한다.

실습 일지

실습 날짜	. . .

실습 내용	
토의 및 핵심 내용	

교육내용 정리

05

호흡기 치료 방법 적용하기

실습개요 및 목적

호흡기 질환을 치료하기 위한 방법 중의 하나인 네뷸라이저(Nebulizer)는 약물을 에어로졸로 만들어 기도로 투여할 수 있게 하는 기기이다. 동물모형을 이용하여 기관에서부터 폐포까지의 구조와 흡입약물의 분포를 이해하고, 호흡기 질환 환자에서 네뷸라이저의 기대효과를 알아본다. 또한 네뷸라이저 기기의 작동법과 세척, 관리 방법을 숙지하여 동물환자에게 안전하게 적용할 수 있다.

실습준비물

장기모형	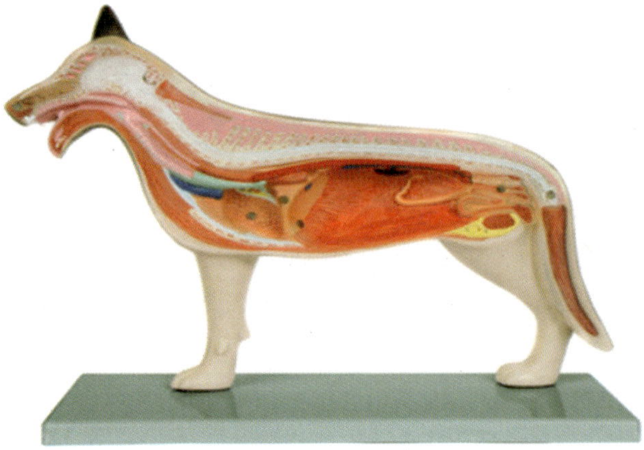 〈출처〉 소영무역

네뷸라이져	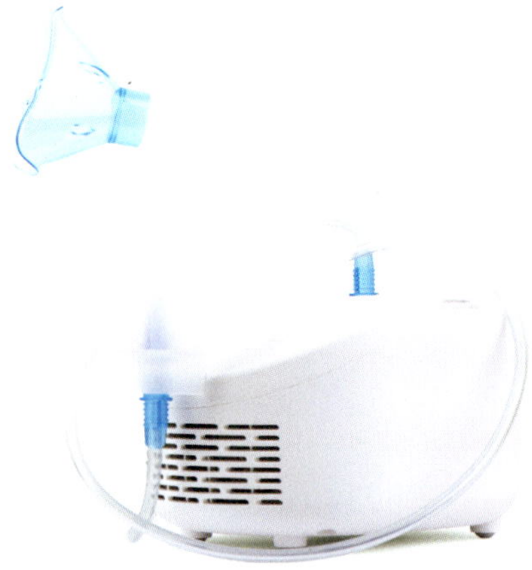
그 외 준비물	멸균 생리식염수

실습방법

1. 동물모형(분리형 장기 모델)을 이용하여 기관- 기관지- 세기관지- 폐포의 구조를 이해하며 흡입 약물의 투여경로를 이해한다.

2. 네뷸라이져(nebulizer)를 다루어 보며 기본 작동원리를 알아본다.
   1) 제조사의 지시에 따라 멸균 생리식염수(또는 약물)를 네뷸라이져(nebulizer) 기기의 약물 챔버에 채운다.
   2) 타이머를 조절하여 10~15분으로 맞춘다.

3. 분사되어 나오는 에어로졸을 동물환자가 효과적으로 흡입할 수 있는 방법을 찾아보고 각각의 장단점을 생각해 본다.
   1) 마스크 : 마스크를 동물환자의 얼굴에 대어주는 방법
   2) 케이지 : 소형 케이지를 통해 에어로졸을 분사하는 방법

4. 네뷸라이져 치료가 종료되면 에어로졸로 인해 젖은 털을 말려주고, 환자의 등을 가볍게 두들겨(coupage) 폐포내 남은 분비물이 제거될 수 있게 도와준다.

5. 사용이 끝난 네뷸라이져기기의 연결관과 마스크는 깨끗하게 세척하여 말린다.

6. 네뷸라이져 이외에도 동물병원에 이용되는 호흡기 치료 방법은 무엇이 있는지 알아보고, 조원들과 토의한다.

실습 일지

실습 날짜	. . .

실습 내용	
토의 및 핵심 내용	

교육내용 정리

메모

학습목표

- 입원환자에게 필요한 지시를 받으면 이해하고 수행할 수 있습니다.
- 입원환자를 평가하는 기본 지표와 환자의 상태를 평가하고 기록할 수 있습니다.
- 카테터를 유지하고 감염을 예방하는 방법을 익힙니다.
- 환자의 상태에 맞게 편안한 입원환경을 조성할 수 있습니다.
- 입원환자에게 적절한 영양을 공급하는 방법을 익힙니다.

PART 04

입원환자의 간호

01

입원환자 평가와 관리하기

실습개요 및 목적

동물보건사는 동물환자를 가장 가까이에서 오랜 시간을 보낸다. 따라서 동물보건사의 역할은 환자의 건강 상태를 관찰하고 평가하는 데 매우 중요하다. 동물환자가 동물병원에 입원하는 동안 환자의 활력징후(vital sign)를 평가하고 기록지에 기록하는 방법을 익혀본다. 또한 입원환자의 상태에 맞는 입원실 환경을 조성하는 방법을 알아본다.

실습준비물

동물모형	

입원장	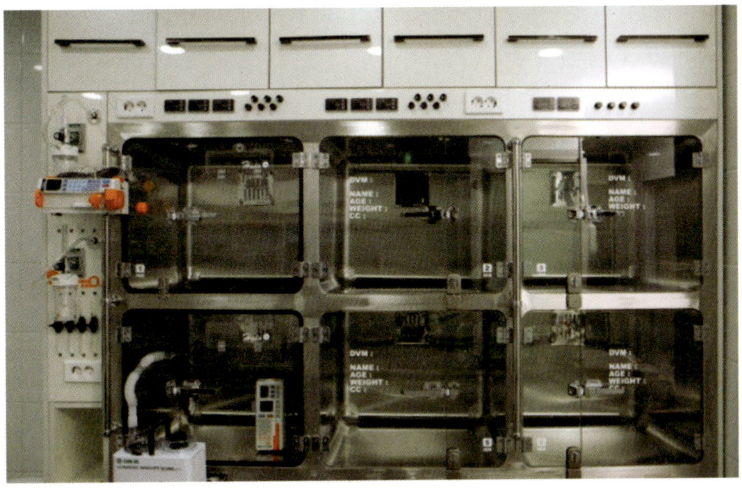 〈출처〉 https://m.blog.naver.com/PostView.naver?isHttpsRedirect=true&blogId=amc_hada2016&logNo=220928422002
환자 기록지	다음 장에 첨부
그 외 준비물	멸균 생리식염수

Date	
CC	
Dx.	

name		age		breed		gender	F / M	FS / CM	BW	

Vet		tech 1	
		tech 2	

	hr		0	1	2	3	4	5	6	7	8	9	10	11	12	13	14	15	16	17	18	19	20	21	22	23	24
vital	BW	체중																									
	temp	체온																									
	heart rate (/min)	심박																									
	Respir rate (/min)	호흡																									
	BP	혈압																									
feeding																											
식욕체크																											
vomiting																											
fecal s.																											
fluid																											
첨가제																											
flow rate		ml/hr																									
당일검사																											
Tx.																											
내복약																											
기타																											

실습방법

1. 입원 환자의 상태를 고려하여 적절한 입원환경을 조성하는 방법을 알아본다.
   - 바닥에는 편안한 담요를 깔고 입원장 내부의 온도를 조절한다.
   - 입원장 내부의 조명은 너무 밝지 않은 정도로 켜둔다.
   - 배뇨, 배변을 원활하게 할 수 있게 패드를 깔아준다.
   - 스스로 음수가 가능한 환자라면 물그릇을 넣어준다.

2. 입원환자 기록지 작성하기
   1) 입원환자 기록지를 꼼꼼히 살피고 환자의 이름과 품종, 나이, 그 외 환자의 상태 지표를 기록한다.
   2) 입원환자의 상태를 평가하기 위하여 측정할 지표는 다음과 같다. 다음의 지표들을 입원환자 기록지에 기록한다.
      - 체중, 체온, 심박수, 호흡수, 점막색, 모세혈관재충만시간(Capillary refill time) 등
      - 배뇨횟수, 배뇨량과 뇨의 색
      - 배변횟수와 양상과 배변의 상태
      - 수분 및 영양 섭취 양상
      - 움직임 및 활동량 등

3. 효율적으로 환자의 상태를 관찰하고 기록하는 방법에 대하여 조원들과 토의한다.

실습 일지

실습 날짜	. . .

실습 내용	
토의 및 핵심 내용	

교육내용 정리

02

정맥카테터 관리하기

실습개요 및 목적

동물보건사는 동물환자에 필요한 각종 처치를 원활하게 수행할 수 있어야 한다. 특히 입원하는 동안 정맥카테터는 피부를 관통하여 혈관으로 약물이나 수액을 주입하므로 오염되지 않게 유지되어야 한다. 따라서 환자의 정맥카테터가 제대로 장착되고 유지되어 있는지 확인하고, 주변의 환경으로부터 젖거나 감염되지 않도록 유지하는 방법을 실습해 본다.

실습준비물

동물모형

정맥 카테터 연결 관련 준비물	
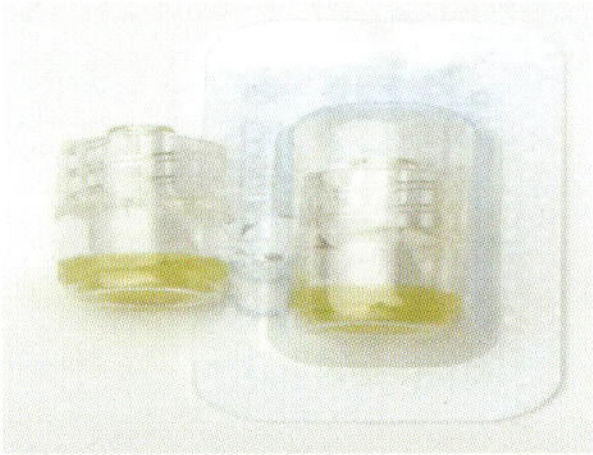 〈출처〉 https://ko.aliexpress.com/i/4000098387764.htm	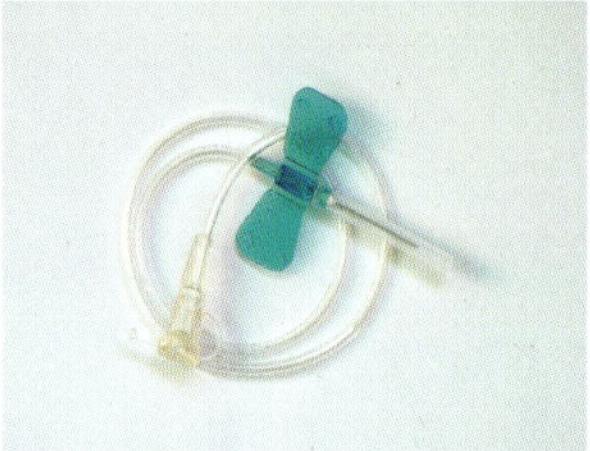
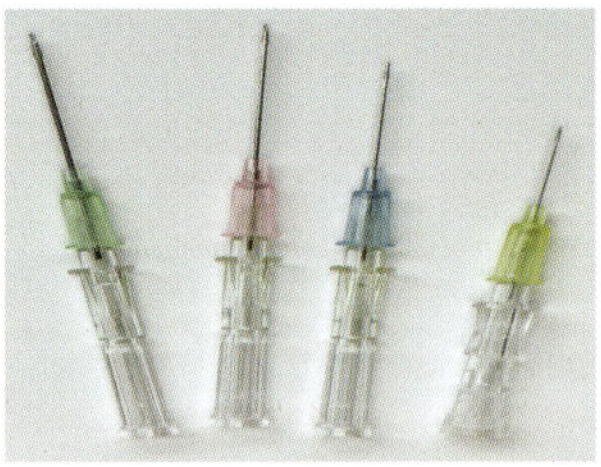	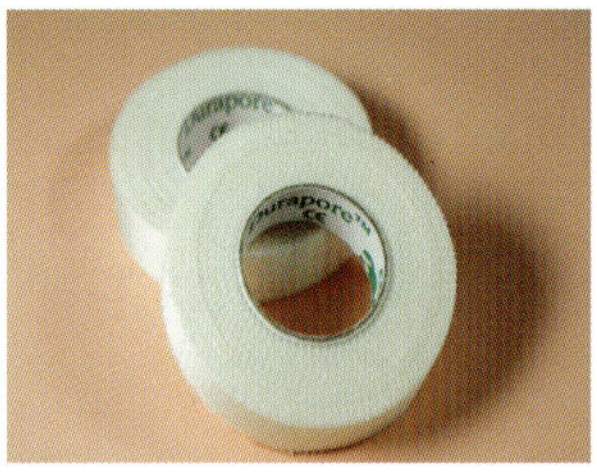

이외의 기타 필요 준비물(알코올솜, 거즈, 헤파린 첨가 식염수 등)	

실습방법

1. 입원환자의 카테터를 확인하기 전이나 수액을 장착하기 전에는 오염 예방을 위하여 반드시 손을 깨끗하게 씻는다.

2. 정맥 카테터를 동물환자 모형에 장착하는 과정을 보정한다.
   - 감염 예방을 위해 카테터가 삽입된 부분은 깨끗하게 유지하고 젖거나 오염되지 않도록 주의한다.
   - 카테터가 삽입된 피부에 물리적 손상이 없는지 확인하고 필요하다면 거즈 등을 덧댄다.

3. 정맥카테터의 개통성과 안정성을 하루에 3회 이상 관찰한다.
   - 헤파린첨가 생리식염수를 이용하여 카테터를 세척하여 혈전을 예방한다.

4. 카테터로 인하여 동물환자의 불편함은 없는지 카테터가 장착된 다리에 통증 여부나 부종 여부를 확인한다.

5. 장착된 카테터의 성질을 관찰하고 카테터의 장착이 꺽이거나 빠지지 않게 주의하며 환자를 움직이거나 이동시켜 본다.

6. 카테터를 제거해야 할 때는 반드시 소독솜을 이용하여 오랫동안 지혈한다(필요하다면 거즈를 덧댄 의료용 테이프로 감아 지혈한다).

7. 카테터 장착으로 인해 발생할 수 있는 합병증 미리 알아보고 이를 예방하려는 방안을 조원들과 토의한다.
   - 정맥염 : 정맥의 염증, 종창과 발적 및 통증을 동반한다.
   - 공기색전증 : 혈관 내로 공기가 들어감. 일시적 마비나 호흡곤란 유발할 수 있다.
   - 혈전형성 : 응고 장애로 인한 혈전생성으로 종창이나 일시적 마비, 호흡곤란을 유발할 수 있다.
   - 패혈증 : 잘못된 카테터 장착이나 관리로 주변 조직의 종창과 발적 및 통증을 동반할 수 있고 심한 경우 전신감염을 유발할 수 있다.

실습 일지

실습 날짜	.　.　.

실습 내용	
토의 및 핵심 내용	

교육내용 정리

03

입원환자 영양 보조하기

실습개요 및 목적

환자의 영양상태는 질환의 개선에 있어 중요한 부분이다. 따라서 동물환자의 식욕과 영양상태를 평가하고 알맞은 급여량과 급여 방법을 익혀본다. 또한 환자의 질병 상황에 맞는 올바른 식이를 선택하기 위하여 다양한 종류의 처방식을 이해하고 선택하는 방법을 알아본다.

실습준비물

동물모형	다양한 제형의 사료나 처방식
	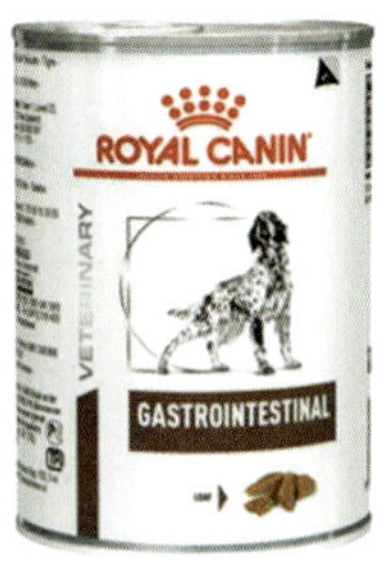 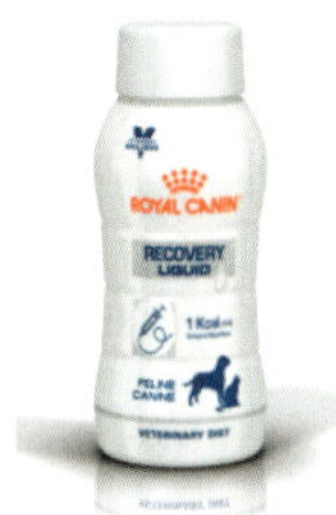 〈출처〉 https://www.royalcanin.com/kr

피딩용(혹은 일반) 주사기	피딩 튜브(Feeding tube)
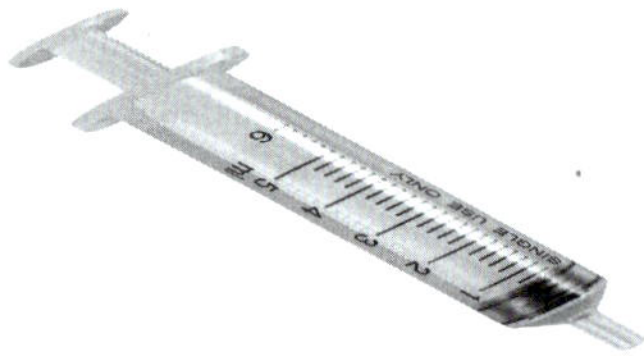 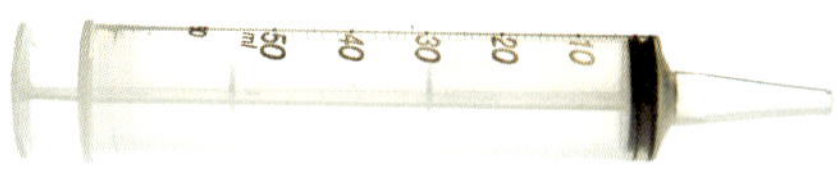	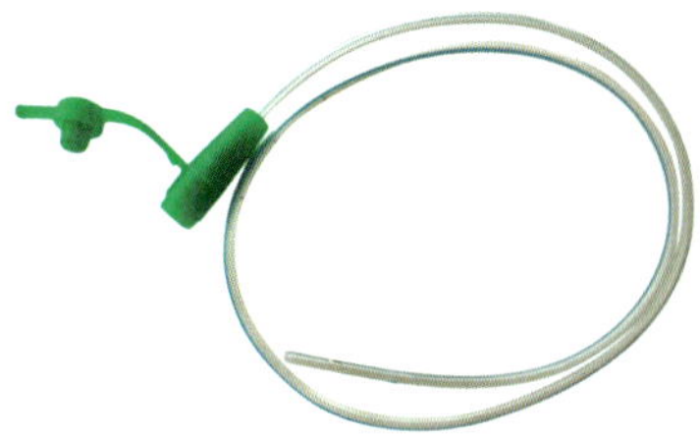 〈출처〉 https://www.smd-medical.com/product-detail/feeding-tube/

실습방법

1. 동물환자(모형)를 촉진하면서 개와 고양이에서 영양상태를 평가하는 방법을 익힌다.
   1) 늑골 부위의 체지방을 촉진하여 BCS(body condition score)를 평가한다.
   2) 견갑, 치골 등의 근육부위를 촉진하여 MCS(muscle condition score)를 평가한다.

2. 환자의 체중에 맞게 급여해야 하는 휴식기 에너지 요구량(RER)을 계산하고 이에 맞게 환자가 먹어야 하는 사료의 양을 계산한다.
   1) 체중 2kg 이하의 RER : $70 \times (\text{환자체중})^{0.75}$
   2) 체중 2kg 이상의 RER : $(\text{환자체중}) \times 30 + 70$

3. 동물환자의 섭취가능 상태와 질병 상태에따라 적합한 급여 방법을 알아보고 실습해 본다.
   1) 손으로 먹이기 : 환자가 먹을 만한 먹이를 선택 후 손으로 먹여 본다.
   2) 주사기로 먹이기 : 동물은 편안한 상태로 보정하고 다른 실습자가 유동식 형태의 먹이를 주사기에 담아 환자의 입 속에 조금씩 넣으며 먹인다.
   3) 피딩튜브를 이용한 급여 : 코위영양관으로 연결된 피딩튜브를 통해 음식(유동식)을 공급해 본다.

4. 피딩튜브를 통해 급여가 가능한 먹이의 종류를 알아본다.
   1) 건사료에서 유동식을 제조하여 튜브를 통해 급여
   2) 시중에 유통되는 다양한 질감의 유동식을 튜브에 연결하여 환자에게 급여

5. 실제로 튜브급여를 해보면서 어려운 점이나 주의해야 하는 사항을 조원들과 토의한다.

실습 일지

실습 날짜	. . .

실습 내용	
토의 및 핵심 내용	

교육내용 정리

메모

학습목표

- 다양한 종류의 수액을 익히고 적용증에 대하여 이해합니다.
- 수액의 연결과 투여를 위한 준비과정을 능숙하게 진행할 수 있습니다.
- 수혈을 진행할 때 필요한 의료 용품이 무엇인지 알고 준비할 수 있습니다.
- 수혈로 인한 부작용이 무엇인지 알고 적절하게 대응할 수 있습니다.
- 중환자의 의식 수준을 평가할 수 있고 필요한 환자 지표를 측정할 수 있습니다.
- 체온유지 방법을 이해하고 기타 합병증을 예방하는 방법을 익힙니다.

PART 05

중증환자의 간호

01

수액치료 이해와 적용하기

실습개요 및 목적

수액요법은 환자의 탈수 교정의 목적과 이외의 여러 목적으로 임상에서 많이 이용된다. 이 장에서는 동물병원에서 주로 이용되는 다양한 종류의 수액을 알아보고 각각의 차이와 적용증을 학습한다. 또한 정맥수액 요법을 준비하는 일련의 과정을 능숙하게 수행할 수 있도록 실습하며, 정맥수액의 정확한 투여를 위한 인퓨전 펌프를 다루는 방법을 익힌다.

실습준비물

실습용 수액	0.9%NS, 5DW, H/D 등
펌프용 수액세트	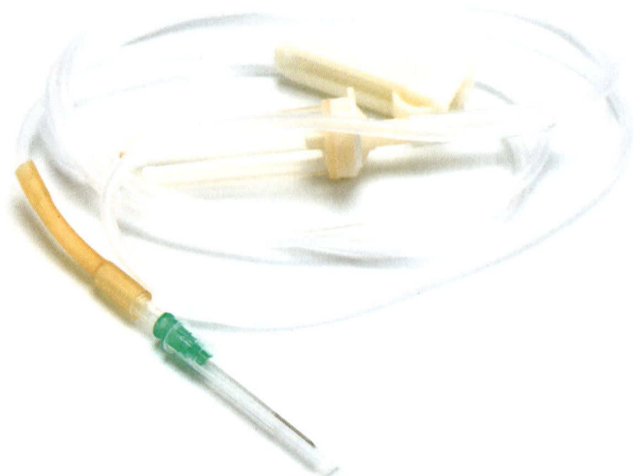

인퓨전펌프	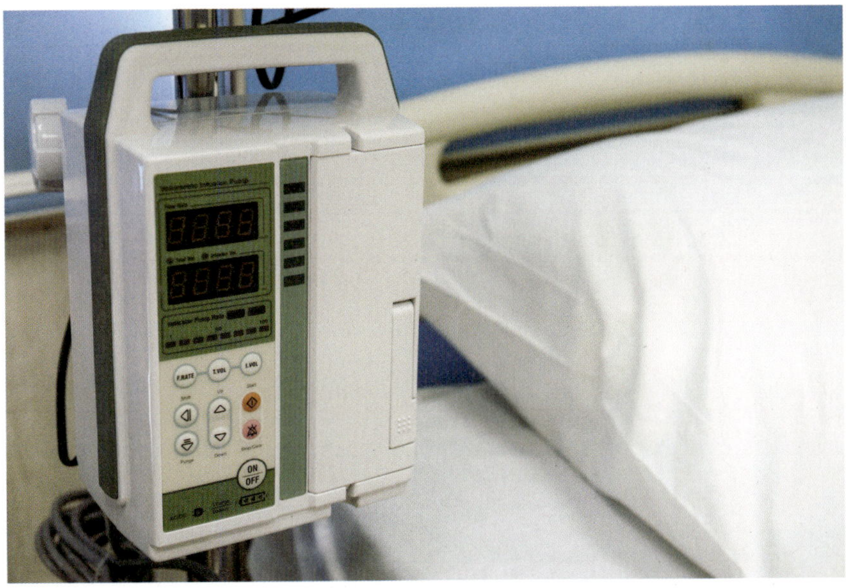

실습방법

1. 동물병원에서 주로 이용되는 수액의 종류와 각각의 특징을 알아본다.
   1) 크리스탈로이드(crystalloid) : 0.9% NaCl, Hartmann's sol. 5% glucose 등
   2) 콜로이드(colloid) : 6% Hetastarch 등

2. 환자에게 투여해야 하는 수액의 종류와 수액 속도를 미리 확인한다.

3. 수액 주입을 위한 수액세트 연결을 시행한다.
   1) 수액 세트의 유량조절기를 잠근 상태에서 수액 포트에 연결한다.
   2) 수액 세트의 챔버를 살짝 눌러 1/3~1/2을 채운다.
   3) 부드럽게 유량 조절기를 열어 수액 세트 내부를 수액으로 채운다(이때 수액 세트 내부에 공기 방울이 생기지 않도록 주의한다).
   4) 수액세트의 끝이 오염되지 않게 주의하며 팁을 마개로 막고 인퓨전 펌프에 연결한다.

4. 인퓨전펌프의 버튼을 조작하며 작동하는 방법을 충분하게 숙지한다.
   1) 인퓨전펌프에서 수액 속도를 설정하고 수액의 주입을 시작한다.
   2) 필요시 '정맥내 일회용량주사(bolus)' 주입 방법이나 수액 투여를 중지하는 방법을 알아둔다.
   3) 알람이 울리는 경우 수액 주입에 발생한 문제를 해결하는 방법을 알아둔다.

5. 수액을 맞고 있는 환자에게서 주의하여 확인하고 관찰해야 하는 사항들은 무엇인지 조원들과 토의해본다.

실습 일지

실습 날짜	. . .

실습 내용	
토의 및 핵심 내용	

교육내용 정리

02

수혈 보조하기

실습개요 및 목적

수혈은 빈혈이나 각종 응고계질환 등에 노출된 환자에게서 주로 진행된다. 개와 고양이의 혈액형에 대한 기초지식을 바탕으로 주로 사용되는 혈액 기본 재제들과 수혈을 위한 준비사항을 알아본다. 또한 수혈이 진행될 때 안전하게 수혈을 진행할 수 있도록 보조하고, 수혈받는 동안에 예상되는 부작용을 염두에 두고 동물환자의 증상을 면밀하게 모니터링하는 방법을 익힌다.

실습준비물

수혈세트	수혈백(또는 일반 수액백으로 대체)
 〈출처〉 https://www.drmro.com/shop/goods/goods_view.php?goodsno=8833&category=002003	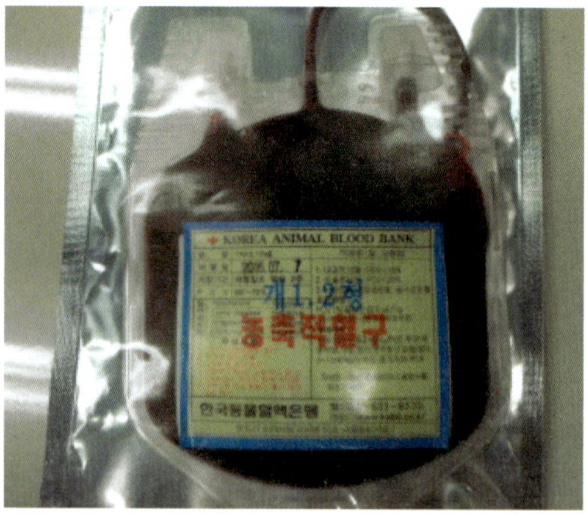 〈출처〉 NCS 03 응급동물 수의간호

실습방법

1. 개와 고양이의 혈액형 종류에 대하여 알아본다.
   1) 고양이 : A, B, AB
   2) 개 : DEA 1.1, 1.2, 3, 4, 5, 7, 8

2. 수혈을 위해 이용되는 다양한 혈액 성분의 제재를 찾아보고 각각의 특징과 보관상의 주의사항을 알아본다.
   1) 전혈 : 적혈구, 백혈구, 혈소판, 혈장 단백질과 응고인자를 포함
   2) 농축적혈구 : 전혈에서 원심분리 후 혈장이 제거되어 적혈구만 남은 상태
   3) 신선동결혈장 : 혈장, 알부민, 응고인자를 포함
   4) 동결혈장 : 신선동결혈장이 12개월 지난 상태로 일부 응고인자는 안정하지 않음
   5) 농축혈소판 : 전혈에서 8시간 이내에 분리

3. 수혈을 위한 준비과정을 알아본다.
   1) 수혈이 들어갈 환자의 정맥 카테터가 혈관에서 빠지지 않고 제대로 유지되고 있는지 확인한다.
   2) 수혈백의 혈액을 환자에게 투여하기 위하여 수혈세트를 연결한다. 수혈세트는 일반 수액세트와는 다르게 거름망이 있음을 확인한다.
   3) 냉장고에서 바로 꺼내어 차가운 혈액은 37°C가 넘지 않는 온수에서 데운다.

4. 수혈 과정 동안 관찰해야 하는 지표는 무엇인지 알아보고, 수혈 과정 동안 나타날 수 있는 부작용을 미리 익혀 실무에서 대처가 가능할 수 있도록 한다.
   1) 과민반응 : 구토, 발적, 두드러기, 호흡곤란 등
   2) 저칼슘증 : 심부정맥, 구토 등

5. 수혈의 부작용이 발생하였을 때 동물보건사로서 이에 대하여 대처하는 방안을 조원들과 토의한다.

실습 일지

실습 날짜	. . .

실습 내용	
토의 및 핵심 내용	

교육내용 정리

03

중증환자 관리 이해하기

실습개요 및 목적

중증의 환자는 의식이 없기도 하며 스스로 체온조절이 어렵거나 기립이 어려운 경우가 많다. 따라서 환자의 의식 수준을 수시로 평가하면서 활력징후(vital sign)를 평가해야 한다. 특히 정상체온을 유지하는지 수시로 체크할 필요가 있고, 정상체온에서 벗어난 경우는 적정체온을 유지하기 위해 다양한 보온 수단 제공이 필요하다. 또한 스스로 기립이 어려운 환자를 이동하거나 지지하는 방법에 대하여 알아보고 장기간 누워있는 환자에서 예상되는 합병증과 이를 예방하는 방법도 찾아본다.

실습준비물

동물모형	입원장
	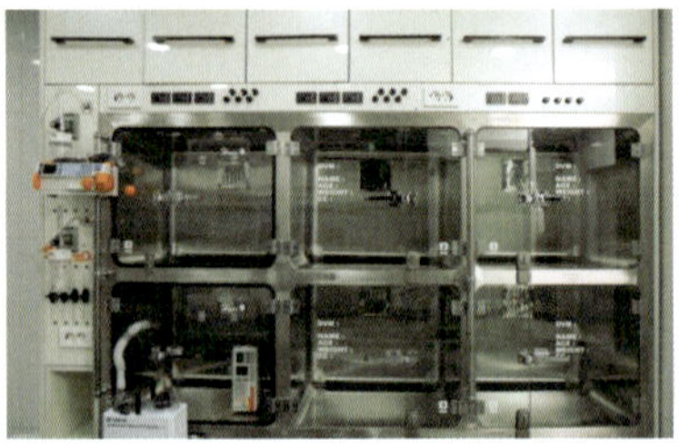 〈출처〉 https://m.blog.naver.com/PostView.naver?isHttpsRedirect=true&blogId=amc_hada2016&logNo=220928422002

<table>
<tr><th>보온 패드</th><th>다양한 사이즈의 바닥 담요</th></tr>
<tr><td></td><td></td></tr>
<tr><th colspan="2">이외 신체 검사 측정 도구(체온계, 청진기 등)</th></tr>
<tr><td></td><td>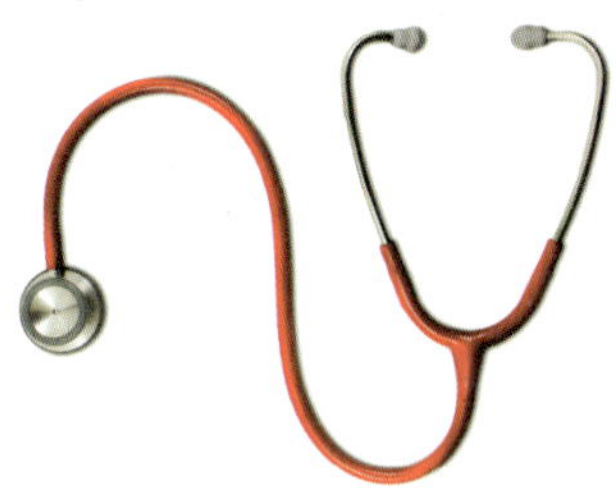</td></tr>
</table>

실습방법

1. 동물환자 의식상태를 평가하기 위한 방법을 익힌다.
   1) 안검반사(palpebral reflex) : 내안각을 손으로 촉진하여 눈꺼풀의 깜박임을 확인
   2) 심부통증(deep pain) : 지간사이를 포셉을 이용하여 꼬집음

2. 다음과 같이 평가를 이해하고 앞의 방법에 따라 환자의 단계를 구별한다.
   1) 정상 : 주위 환경에 정상적인 반응
   2) 둔함(obtunded) : 반응이 떨어짐
   3) 혼미(stuporous) : 일상적 반응은 떨어지며 통증에서 반응을 보임
   4) 혼수(coma) : 외부의 자극에 전혀 반응이 없음

3. 체온 유지를 위한 방법을 고려하며 각각의 방법을 직접 시행해 보고 장단점을 이해한다.
   1) 바닥보온 : 입원장 바닥의 온도를 높혀 적절한 체온 유지를 돕는다.
   2) 보온패드 : 전자레인지로 데워 바닥 담요 아래에 대어준다. 시간이 지나면 열이 식으므로 다시 데워야 한다.
   3) 온풍 : 환자의 피부에 직접 뜨거운 바람이 닿지 않게 주의하며 따뜻한 공기를 입원장 내부에 불어 넣어준다.

4. 오랫동안 누워있는 환자에서 발생할 수 있는 2차 합병증을 알고 예방 방법을 시행해 본다.

1) 발생가능 합병증

- 욕창 : 동물의 체중과 바닥과의 마찰 등으로 인하여 팔꿈치, 발목, 어깨, 엉덩이와 같이 뼈가 돌출된 부위에 자주 발생한다. 이미 발생한 욕창은 주변의 털을 깎고 희석한 클로르헥시딘으로 소독한다.
- 침강성 폐렴 : 옆으로 오랜 시간 누워있으면 체액과 혈액의 집중으로 세균이 증식되어 발생한다.

2) 예방하기 위한 환자 관리

- 욕창 방지를 위한 바닥 담요나 수건 등을 환자의 체형에 맞게 바닥에 깔아준다.
- 조심스럽게 환자의 자세를 4시간마다 좌, 우로 바꾸어 준다.

실습 일지

실습 날짜	. . .

실습 내용	
토의 및 핵심 내용	

교육내용 정리

저자

강민희
장안대학교 바이오동물보호과

한세명
세명대학교 동물바이오헬스학과

감수자

김주완_대구한의대
안나_광주여대
정수연_경인여대
정이랑_대구보건대
조현명_동원대
한아람_대전보건대
한종현_전주기전대

동물보건 실습지침서
동물보건내과학 실습

초판발행 2023년 3월 30일

지은이 강민희 · 한세명
펴낸이 노 현

편 집 탁종민
기획/마케팅 김한유
표지디자인 이소연
제 작 고철민 · 조영환

펴낸곳 ㈜ 피와이메이트
서울특별시 금천구 가산디지털2로 53, 210호(가산동, 한라시그마밸리)
등록 2014. 2. 12. 제2018-000080호
전 화 02)733-6771
f a x 02)736-4818
e-mail pys@pybook.co.kr
homepage www.pybook.co.kr
ISBN 979-11-6519-402-4 94520
979-11-6519-395-9(세트)

정 가 20,000원